Adama SACKO
Oumar BAH

ANÁLISE DO SISTEMA DE CONTROLO INTERNO:

Adama SACKO
Oumar BAH

ANÁLISE DO SISTEMA DE CONTROLO INTERNO:

O caso da SOMAGEP-SA

ScienciaScripts

Cover image: www.ingimage.com

This book is a translation from the original published under ISBN 978-620-6-72855-9.

Publisher:
Sciencia Scripts
is a trademark of
Dodo Books Indian Ocean Ltd. and OmniScriptum S.R.L publishing group

120 High Road, East Finchley, London, N2 9ED, United Kingdom
Str. Armeneasca 28/1, office 1, Chisinau MD-2012, Republic of Moldova, Europe
Printed at: see last page
ISBN: 978-620-8-34754-3

DEDICAÇÃO

Dedico esta dissertação aos meus queridos pais por todos os esforços que fizeram ao longo do meu percurso escolar e estudantil.

AGRADECIMENTOS

Na elaboração desta dissertação, beneficiei do contributo e apoio de várias entidades jurídicas e pessoas singulares, às quais gostaria de expressar a minha sincera gratidão e agradecimento, nomeadamente

-A direção da SUP'MANAGEMENT MALI pela sua disponibilidade

-O pessoal docente do SUP'MANAGEMENT em geral, pela qualidade da formação que recebi e, em particular, o meu supervisor, pelos seus conselhos sólidos e pela sua assistência constante;

-A todo o pessoal da SOMAGEP-SA em geral e ao Departamento de Controlo Geral em particular, ao gabinete comercial de Faladiè e ao Departamento de Aprovisionamento e Logística, pela sua disponibilidade e por todo o apoio que recebi para que este trabalho decorresse sem problemas;

-A todos os membros da minha família pelo seu apoio constante;

Sem esquecer todas as pessoas que, direta ou indiretamente, contribuíram para a elaboração desta memória.

RESUMO

O Controlo Interno desempenha um papel vital em todos os tipos de organização, ajudando a melhorar a eficiência e a economia de certos processos de tomada de decisão, minimizando e antecipando **riscos, garantindo a fiabilidade dos** dados económicos e financeiros e assegurando o cumprimento e a aplicação de procedimentos.

Na sequência dos escândalos financeiros em grandes empresas multinacionais, foram tomadas várias medidas nos países avançados, exigindo que estas empresas criem um sistema de controlo interno e avaliem regularmente a sua eficácia à luz do modelo de controlo interno reconhecido e recomendado pelas normas pertinentes.

O estudo de caso centrou-se na análise do sistema de Controlo Interno da Société Malienne de gestion de l'Eau Potable "SOMAGEP-SA", onde se procurou analisar a eficácia do sistema de Controlo Interno em vigor e evidenciar os principais riscos, procedendo passo a passo, começando pelo estudo da documentação existente, participar em missões de controlo interno para realizar actividades de controlo que permitam conhecer a realidade no terreno, entrevistar os gestores para responder ao questionário sobre as componentes do COSO e elaborar uma ficha de trabalho para avaliar os riscos e as operações de controlo, analisar as respostas e as conclusões e propor recomendações.

A implementação de um sistema de controlo interno baseado em conceitos e princípios bem estabelecidos fornece às empresas um nível razoável de garantia de que estão a atingir os seus objectivos de desempenho e a controlar os riscos associados, desde que os recursos necessários sejam disponibilizados e postos em prática.

INTRODUÇÃO GERAL

O mundo das organizações públicas e privadas está em constante evolução.
A turbulência, a avaliação dos riscos e a redução da incerteza são os principais desafios da gestão. No passado, o papel do gestor limitava-se a integrar e controlar os recursos humanos (a força de trabalho) para manter a empresa em funcionamento. Hoje em dia, porém, face às mudanças ambientais e socioeconómicas, as empresas tornaram-se tão frágeis que já não são capazes de fazer face às realidades ambientais e económicas.

Perante esta situação, a atenção do gestor é estimulada, para além da integração da força de trabalho, na procura da manutenção e, sobretudo, do desenvolvimento da organização.

A fim de preservar o que já foi alcançado, as empresas estabelecem geralmente objectivos específicos, mensuráveis e realizáveis num prazo definido, em função do seu domínio de atividade.

Todas as empresas que pretendam atingir os seus objectivos necessitam de ferramentas de gestão modernas e adaptadas ao seu contexto.
A realização destes objectivos exige a criação de um conjunto de mecanismos para alcançar os resultados desejados, entre os quais o "controlo interno".

O controlo interno é um mecanismo organizacional essencial que é posto em prática numa empresa para garantir que o desempenho desejado é alcançado.

Especificamente, visa assegurar que as práticas cumprem e são estritamente aplicadas aos requisitos legais e regulamentares em vigor, de acordo com as instruções e orientações emitidas pelo Conselho de Administração e pela Direção Geral.

O bom funcionamento do processo de controlo interno numa empresa contribui para a salvaguarda dos seus activos, a fiabilidade da sua informação em geral, o controlo das suas actividades através da eficácia das suas operações e a utilização eficiente dos seus recursos.

Ao contribuir para a prevenção e o controlo dos riscos de não realização dos objectivos fixados pela empresa, o sistema de controlo interno desempenha um papel fundamental na gestão e na orientação das suas diferentes actividades.

Tendo em conta a sua importância e o papel que desempenha no funcionamento de uma empresa, é necessário avaliar periodicamente a eficácia e a pertinência de todos os aspectos do sistema de controlo interno.

Os resultados permitirão à empresa corrigir eventuais deficiências do seu sistema de controlo e adaptá-lo da melhor forma possível, a fim de se manter competitiva e evitar ser excluída do mercado.

Embora a Société Malienne de Gestion de l'Eau Potable (SOMAGEP-SA) seja uma empresa sem concorrentes diretos e ocupe um lugar importante no território nacional, tem o dever de implementar medidas que terão de ser adaptadas à sua situação, a fim de atingir os seus objectivos estratégicos, um dos quais se centra em : "Melhorar a satisfação dos clientes, mantendo a sua reputação e imagem de modo a aumentar as suas vendas".

Numa situação de monopólio, a realização deste objetivo exige muitos esforços e melhorias, nomeadamente a mobilização de recursos financeiros e técnicos, que permitirão melhorar a qualidade do serviço prestado pelo seu pessoal, cujas condições de trabalho deverão ser continuamente melhoradas, para dar um bom reflexo que não é outro senão o desempenho.

Foi por isso que escolhemos este tema:

"Análise do sistema de controlo interno da Société Malienne de Gestion de l'Eau Potable (SOMAGEP S.A.).

Apesar da existência deste sistema de controlo interno na Société Malienne de Gestion de l'Eau Potable "SOMAGEP S.A" desde a sua criação, este sistema deparou-se com dificuldades de gestão organizacional que afectam o seu bom funcionamento.

Na tentativa de identificar estas razões, a análise deste tema centrar-se-á nas seguintes questões:

1- Quais são os instrumentos de controlo interno da SOMAGEP S.A.?

2-Qual é a situação do sistema de controlo interno da Société Malienne de Gestion de l'Eau Potable "SOMAGEP S.A"?

3-Quais os pontos fortes e fracos do sistema de controlo interno da SOMAGEP S.A.?

As respostas a estas questões permitir-nos-ão analisar com mais serenidade o atual sistema de controlo e apresentar as sugestões de melhoria necessárias.

Por conseguinte, os conceitos de controlo interno impor-se-ão ao gestor, uma vez que dizem respeito à empresa no seu conjunto.

É por esta razão que o objetivo geral desta tese é demonstrar a importância do controlo interno para garantir o desempenho das empresas.

Com base neste objetivo geral, foram definidos dois objectivos específicos:

Por um lado, para garantir que os métodos e procedimentos adoptados na empresa para proteger os seus bens estão em conformidade com as normas e, por outro, para garantir que as instruções de gestão são aplicadas.

O estudo desta dissertação basear-se-á em duas hipóteses que serão verificadas (com referência aos resultados obtidos) e confirmadas pelas respostas obtidas no final destas análises.

O primeiro pressuposto é que o sistema de controlo interno é capaz de garantir o desempenho da empresa. O segundo pressuposto é que o sistema de controlo interno é capaz de se adaptar a quaisquer mudanças no ambiente, a fim de controlar os riscos.

Para levar a cabo este trabalho, a metodologia basear-se-á em análises documentais, entrevistas e observação direta dos departamentos e gestores, a fim de identificar os dados internos da empresa.

PRIMEIRA PARTE: ENQUADRAMENTO TEÓRICO

CAPÍTULO 1: INFORMAÇÕES GERAIS SOBRE O CONTROLO INTERNO

Este capítulo aborda o controlo interno como um todo, propondo várias definições e discutindo os conceitos associados ao seu desenvolvimento e aos seus objectivos.

Secção 1: Definição e objetivo do controlo interno

a. Definição

Entre as muitas definições, duas parecem ser as mais completas: ***"O controlo interno é o conjunto de métodos e procedimentos aplicados pela direção da empresa para organizar as actividades, salvaguardar os activos e detetar eventuais erros ou fraudes que possam ocorrer nos registos contabilísticos e nas informações financeiras, bem como para assegurar, na medida do possível, o cumprimento das diretivas da direção e das leis e regulamentos em vigor, com o objetivo de melhorar o desempenho e a rentabilidade da empresa a todos os níveis***".

"O sistema de controlo interno de uma empresa é o conjunto de controlos estabelecidos pela administração para gerir as actividades da empresa de forma ordenada, a fim de assegurar a manutenção estratégica da organização".

b. <u>Objectivos e funções do controlo interno</u>

"O Controlo Interno é um sistema definido e implementado pela entidade sob a sua responsabilidade. Compreende um conjunto de recursos, comportamentos, procedimentos e acções adaptados às caraterísticas específicas de cada organização.

Em especial, o regime tem por objetivo assegurar :

- cumprimento das leis e regulamentos;
- aplicar as instruções e orientações definidas pela Direção-Geral ou pela Comissão Executiva;
- o bom funcionamento dos processos internos da empresa, nomeadamente os destinados a salvaguardar o seu património;
- A fiabilidade da informação financeira.

O controlo interno não se limita, portanto, a um conjunto de procedimentos ou apenas a processos contabilísticos e financeiros, nem abrange todas as iniciativas dos órgãos de governo ou de gestão, como a definição da estratégia da organização, a fixação de objectivos, a tomada de decisões de gestão, o tratamento dos riscos ou o acompanhamento do desempenho, mas fornece análises e recomendações em função do contexto e do ambiente.

Num ambiente complexo e incerto, as empresas devem reorientar constantemente os seus objectivos e acções. A gestão do desempenho deve ser um compromisso entre a adaptação às mudanças externas e a manutenção da coerência organizacional para otimizar a utilização dos recursos e das competências.

O controlo interno ajuda a afetar os recursos às prioridades estratégicas do momento através das recomendações feitas e contribui para otimizar a qualidade, o custo e o tempo, utilizando todas as ferramentas de resolução de problemas disponíveis, tais como a análise dos processos e a análise das ferramentas de gestão da qualidade.

O controlo interno ajuda a gerir as variáveis de desempenho social exigidas pelas partes interessadas.

c. **Conformidade com as leis e regulamentos**

São as leis e os regulamentos a que a empresa está sujeita. As leis e regulamentos em vigor estabelecem padrões de comportamento que a empresa incorpora nos seus objectivos de conformidade.

Dado o grande número de domínios existentes (direito das sociedades, direito comercial, direito do ambiente, direito do trabalho, etc.), a empresa deve dispor de uma organização que lhe permita :

- Conhecer as diferentes regras aplicáveis;
- Ser informado atempadamente de quaisquer alterações que lhes sejam introduzidas (vigilância jurídica);
- Transcrever estas regras para os seus procedimentos internos;
- Informar e formar os trabalhadores sobre as regras que lhes são aplicáveis.

d. Aplicação das instruções e diretrizes definidas pela Direção Geral ou pela Comissão Executiva

As instruções e diretrizes da Direção Geral ou da Comissão Executiva permitem que os funcionários compreendam o que se espera deles e o âmbito da sua liberdade de ação.

Estas instruções e orientações devem ser comunicadas aos trabalhadores em causa, em função dos objectivos atribuídos a cada um deles, a fim de os orientar sobre a forma como as actividades devem ser conduzidas. Estas instruções e diretrizes devem ser elaboradas tendo em conta os objectivos da empresa e os riscos envolvidos.

e. o funcionamento dos processos internos da sociedade, nomeadamente os destinados a salvaguardar os seus activos

Todos os processos operacionais, industriais, comerciais e financeiros são afectados.

Para que os processos funcionem corretamente, é necessário estabelecer normas ou princípios de funcionamento e definir indicadores de desempenho e de rentabilidade.

Por "activos" entendemos não só os "activos tangíveis", mas também os "activos intangíveis", como o saber-fazer, a imagem e a reputação. Estes activos podem desaparecer em resultado de

roubo, fraude, improdutividade, erros, ou em resultado de uma má decisão de gestão ou de uma deficiência no controlo interno. Deve ser dada especial atenção aos processos conexos.
O mesmo se aplica aos processos envolvidos na preparação e tratamento da informação contabilística e financeira. Estes processos incluem não só os que lidam diretamente com a produção de demonstrações financeiras, mas também os processos operacionais que geram dados contabilísticos.

f. Fiabilidade das informações financeiras

Só é possível obter informações financeiras fiáveis através da aplicação de procedimentos de controlo interno capazes de captar com precisão todas as operações realizadas pela organização.
A qualidade deste sistema de controlo interno pode ser avaliada através de

- Uma separação de tarefas que distinga claramente entre tarefas de registo, operacionais e de conservação;
- Uma descrição das funções utilizadas para identificar as origens e os destinatários das informações produzidas;
- Um sistema de controlo contabilístico interno destinado a garantir que as operações são efectuadas em conformidade com instruções gerais e específicas e que são contabilizadas de forma a produzir informações financeiras conformes aos princípios contabilísticos geralmente aceites.

g. **O quadro de controlo interno**

1. **O âmbito do controlo interno**

Cabe a cada empresa criar um sistema de controlo interno adequado à sua situação.

Dentro de um grupo, a empresa-mãe assegura que as suas filiais dispõem de sistemas de controlo interno. Estes sistemas devem ser adaptados às suas caraterísticas específicas e à relação entre a sociedade-mãe e as filiais. No caso de participações significativas em que a empresa-mãe exerce uma influência significativa, cabe à empresa-mãe avaliar a possibilidade de tomar conhecimento e examinar as medidas de controlo interno tomadas pela participação em causa.

2. **Responsabilidades**

A direção é responsável por sensibilizar os quadros para a importância de uma boa gestão dos negócios e dos activos da empresa.

A divisão de tarefas é de importância vital para o controlo interno: quanto maior for a empresa, mais responsabilidades e autorizações serão atribuídas a diferentes pessoas para evitar influências e funções incompatíveis.

Quando uma pessoa assume uma nova função, a direção deve assegurar que os métodos de trabalho inerentes a essa função lhe sejam comunicados: uma boa compreensão garantirá a eficiência do processo, a fiabilidade da informação e o valor da tarefa.

c. **Interpretação**

Ao contrário do sistema contabilístico, que capta, regista e agrega as operações para apresentar os resultados nas demonstrações financeiras, o sistema de controlo interno compreende métodos e procedimentos que a empresa acrescenta ao sistema contabilístico para obter um grau de certeza razoável.

Secção 2: Agentes de controlo interno

- **Intervenientes no controlo interno**

Todos os membros do pessoal são responsáveis, em maior ou menor grau, pelo controlo interno. É um assunto de todos, desde os órgãos sociais a todos os colaboradores da empresa. No entanto, apenas as pessoas que pertencem à empresa fazem parte do sistema de Controlo Interno, uma vez que cada um contribui, à sua maneira, para a eficácia do sistema.

Os terceiros podem também desempenhar um papel na realização dos objectivos da organização, mas o simples facto de contribuírem direta ou indiretamente para a realização dos objectivos não os envolve no sistema de controlo interno.

- **O Conselho de Administração ou o Conselho de Fiscalização**

O grau de envolvimento do Conselho de Administração ou do Conselho Fiscal no controlo interno varia de uma empresa para outra. Compete à Direção Executiva ou ao Conselho de Administração do Grupo informar o Conselho de Administração (ou o seu Comité de Auditoria, caso exista) sobre as caraterísticas essenciais do sistema de controlo interno. Se necessário, o Conselho de Administração pode utilizar os seus poderes gerais para efetuar subsequentemente quaisquer outros controlos e verificações cruzadas que considere adequados, ou tomar quaisquer outras iniciativas que considere apropriadas nesta matéria.

Caso exista, o Comité de Fiscalização deverá acompanhar atentamente o sistema de controlo interno numa base regular.

A fim de exercer as suas responsabilidades com pleno conhecimento de causa, o Comité de Fiscalização pode entrevistar o chefe da Auditoria Interna, dar o seu parecer sobre a organização do serviço e ser informado sobre o seu trabalho. Deverá, por conseguinte, receber relatórios de auditoria interna ou um resumo periódico desses relatórios.

- **Direção Geral / Conselho Executivo**

Em qualquer empresa, o Presidente e o Diretor-Geral são os principais responsáveis. Por conseguinte, é ele o principal responsável pelo sistema de controlo interno. Ele deve assegurar a existência de um ambiente positivo no qual as actividades da empresa e os controlos conexos são realizados. Devem igualmente dar o exemplo no seio da entidade.

O mesmo se aplica aos diretores das diferentes funções e unidades da empresa.

Compete à Direção Geral ou à Comissão Executiva definir, promover e acompanhar o sistema de controlo interno mais adequado à situação e à atividade da empresa. Para o efeito, são regularmente informados de eventuais deficiências ou dificuldades de aplicação do sistema, ou mesmo de eventuais excessos, e asseguram a adoção das medidas corretivas necessárias.

- **<u>Auditores internos</u>**

Sempre que exista, o serviço de Auditoria Interna é responsável pela avaliação do funcionamento do sistema de controlo interno e pela formulação de eventuais recomendações de melhoria no âmbito das suas competências.

Normalmente, sensibiliza e dá formação em matéria de controlo interno à direção, mas não está diretamente envolvido na criação e aplicação do sistema no dia a dia.

As normas emitidas pelo Instituto de Auditores Internos especificam que uma auditoria interna deve incluir um exame e uma avaliação da suficiência e da eficácia do sistema de controlo interno da organização, bem como uma avaliação das tarefas que lhes são atribuídas.

O Diretor da Auditoria Interna reporta à Direção Executiva e, de acordo com os procedimentos determinados por cada empresa, aos órgãos sociais da empresa, os principais resultados do controlo efectuado.

- **Pessoal da empresa**

Em certa medida, o controlo interno é da responsabilidade de todos os membros do pessoal e deve ser mencionado, explícita ou implicitamente, na descrição das funções de cada funcionário. Esta responsabilidade tem duas vertentes:

- Por um lado, praticamente todos os trabalhadores desempenham um papel na realização dos controlos. Podem ter de produzir informações utilizadas no sistema de controlo interno ou realizar acções necessárias para assegurar o controlo. O cuidado com estas acções tem um impacto direto na eficácia do sistema de controlo interno.
- Além disso, todos os membros do pessoal devem ser obrigados a comunicar ao seu superior hierárquico quaisquer problemas observados nas operações, quaisquer violações do código de conduta ou das normas internas da organização, bem como quaisquer acções ilegais. Dado que estas acções podem ter origem no seu superior hierárquico direto, devem existir canais de comunicação diferentes dos

habituais para permitir a comunicação de tais comportamentos.

É igualmente essencial que cada membro do pessoal envolvido possua os conhecimentos e as informações necessárias para estabelecer, operar e acompanhar o sistema de controlo interno, à luz dos objectivos que lhe foram atribuídos. Isto aplica-se aos gestores operacionais que estão em contacto direto com o sistema de controlo interno, aos supervisores e aos gestores financeiros, que devem desempenhar um papel importante de orientação e acompanhamento.

- **Terceiros**

Entre os terceiros, são geralmente os auditores externos que dão o maior contributo para a realização dos objectivos da organização em termos de informação financeira e de conformidade com as várias leis e regulamentos. Fornecem à direção e ao Conselho de Administração um ponto de vista objetivo e independente.

Os legisladores e as autoridades de supervisão têm influência nos sistemas de controlo interno de muitas empresas, exigindo-lhes a criação de sistemas de controlo ou efectuando controlos diretamente em algumas delas.

- **Os limites do controlo interno**

O sistema de controlo interno, por muito bem concebido e aplicado que seja, não pode dar uma garantia absoluta de que os objectivos da empresa serão alcançados.
A probabilidade de atingir estes objectivos não depende apenas da vontade da empresa. Existem limites inerentes a qualquer sistema de controlo interno. Estes limites são o resultado de vários factores, incluindo factores ambientais, incertezas no mundo exterior, o exercício de julgamento e disfunções que podem ocorrer como resultado de erro humano ou simples engano.
Além disso, ao estabelecer processos de controlo, é necessário ter em conta a relação custo/benefício e não desenvolver sistemas de controlo interno desnecessariamente dispendiosos, mesmo que isso implique aceitar um certo nível de risco.

- **Julgamento**

A eficácia dos controlos é limitada pelo risco de erro humano na tomada de decisões que têm impacto nas operações da empresa. As pessoas que tomam essas decisões exercem o seu julgamento no tempo de que dispõem, com base nas informações de que dispõem, enquanto lidam com as pressões da atividade empresarial. Estas decisões podem produzir resultados decepcionantes e devem ser modificadas no futuro.

- **Avarias**

Quando as instruções são menos bem interpretadas pelo pessoal, a sua apreciação pode ser deficiente, conduzindo a um mau funcionamento do sistema de controlo interno. O pessoal pode cometer erros por falta de atenção ou por rotina. Um gestor contabilístico responsável pela investigação de anomalias pode não o fazer, ou pode não investigar o suficiente para tomar as medidas adequadas, e pode ser substituído por pessoal temporário que não possui as competências necessárias para desempenhar corretamente as suas funções. Podem ser introduzidas alterações nos sistemas antes de o pessoal ter recebido a formação necessária para reagir corretamente aos primeiros sinais de mau funcionamento.

- **Controlos excedidos pela gestão**

Uma vez que o sistema de controlo interno só pode ser tão eficaz quanto as pessoas responsáveis pelo seu funcionamento, estas podem anulá-lo para obter vantagens pessoais, melhorar a apresentação da situação financeira da empresa ou ocultar o não cumprimento de obrigações legais. Estas acções impróprias incluem o aumento fictício do volume de negócios, o aumento do valor da empresa em antecipação da sua venda ou de uma emissão pública de acções, a subestimação do volume de negócios ou das previsões de resultados para aumentar um bónus relacionado com o desempenho, etc.

Dito isto, as violações do sistema de controlo interno não devem ser confundidas com intervenções de gestão destinadas a ultrapassar ou a desviar-se, por razões legítimas, das normas e procedimentos prescritos. No caso de transacções ou acontecimentos invulgares, essas intervenções são geralmente necessárias e feitas abertamente e apoiadas por documentação, ou os membros do pessoal em causa são notificados.

- **Conluio**

O conluio entre duas ou mais pessoas pode anular o sistema de controlo interno. Os indivíduos que actuam coletivamente para perpetrar e ocultar uma ação podem alterar a informação financeira ou de gestão de uma forma que não pode ser detectada pelo sistema.

- **Rácio custo/rendimento**

A organização deve comparar os custos e benefícios dos controlos antes de os implementar.
Ao avaliar a adequação de um novo controlo, é necessário considerar não só o risco de fracasso e o possível impacto na organização, mas também os custos associados à implementação do controlo.

Os custos e benefícios dos controlos são calculados com diferentes graus de precisão. Em geral, é mais fácil calcular os custos tendo em conta os custos diretos e indirectos dos controlos aplicados.

O cálculo do rácio custo/benefício é ainda mais complicado devido à correlação entre os controlos e as actividades. Quando os controlos estão integrados nos processos de gestão e operacionais, é difícil isolar o seu custo ou benefício.

- **A influência da auditoria interna e do controlo de gestão no sistema de controlo interno**

Já em 1933, Berle e Means indicavam que uma das caraterísticas da empresa moderna era a separação entre proprietários e gestores. Os gestores encontram-se numa posição em que, por um lado, têm de gerir os activos pertencentes aos acionistas e, por outro, têm de dirigir o trabalho dos intervenientes no desempenho. Nas grandes empresas, esta configuração deu origem a dois tipos de "controlo":

- Auditorias externas solicitadas pelos proprietários da empresa para garantir a boa gestão financeira dos seus activos;
- Controlos internos estabelecidos pelos quadros superiores para garantir que as suas decisões são corretamente aplicadas (controlo de gestão) e que os sistemas de controlo funcionam corretamente (auditoria interna).

a. Definição de auditoria interna

O IIA adoptou a seguinte definição de auditoria interna:
"A auditoria interna é uma atividade independente e objetiva que fornece a uma organização garantias sobre o grau de controlo das suas operações, aconselha sobre a forma de as melhorar e ajuda a criar valor acrescentado. Ajuda a organização a atingir os seus objectivos, utilizando uma abordagem sistemática e metódica para avaliar os seus processos de gestão de riscos, de controlo e de gestão, e apresentando propostas para melhorar a sua eficácia".

b. Definição de Controlo de Gestão

"O controlo de gestão é o processo pelo qual a gestão assegura que os recursos são obtidos e utilizados de forma eficaz (em relação aos objectivos) e eficiente (em relação aos meios utilizados) para atingir os objectivos da organização.
Este processo de decisão é um processo de apoio e de aplicação da estratégia.

c. O papel da auditoria interna e do controlo de gestão no sistema de controlo interno

A auditoria interna e o controlo de gestão são dois elementos do sistema de controlo interno que, embora essenciais, não constituem de modo algum a sua totalidade.

- **A auditoria interna** é uma atividade independente e objetiva que utiliza uma abordagem sistemática e metódica para avaliar o sistema de controlo em vigor e melhorar a gestão dos riscos. O papel do auditor interno consiste em assistir os responsáveis diretos da empresa no exercício das suas responsabilidades. Para o efeito, comunica-lhes, de forma objetiva e independente, informações, apreciações, análises, pareceres e recomendações relativos às actividades examinadas, com vista à sua melhoria. Isto inclui a promoção de um controlo eficaz a um custo razoável, em conformidade com o princípio da proporcionalidade.
- **O controlo de gestão** é um processo que permite ao gestor prever, acompanhar e analisar os resultados de um programa ou serviço e tomar as medidas corretivas necessárias. O seu objetivo é garantir que os recursos atribuídos são adequados em relação aos objectivos fixados, que os recursos são utilizados de forma eficiente em relação aos resultados alcançados e que os resultados são eficazes em relação aos objectivos prosseguidos. Neste sentido, o controlo de gestão permite a gestão do desempenho (tanto a nível operacional como financeiro), nomeadamente através da utilização dos seguintes instrumentos
    - Análise de custos ;
    - Técnicas de planeamento e instrumentos de orçamentação ;

- Indicadores e painéis de controlo ;
- Análise comparativa.

CAPÍTULO II: APRESENTAÇÃO DA SOMAGEP -SA

Este capítulo apresentará brevemente a Société Malienne de Gestion de l'Eau Potable "SOMAGEP S.A" através da sua história, objectivos e missões, bem como a sua estrutura.

Secção 1: Antecedentes e

1. História

O problema do acesso à água potável para as populações desfavorecidas é uma situação que o Mali vive desde a sua criação. A água é a fonte da vida, e estamos sempre a falar dela porque nem todos têm acesso a ela. É por isso que os sucessivos governos sempre a colocaram no topo das suas agendas. Apesar dos progressos inegáveis, o sector ainda se encontrava num impasse institucional devido à sua associação ao sector da "eletricidade".

Para remediar esta situação complicada, o governo do Mali introduziu reformas nos sectores da água e da eletricidade para melhorar o serviço. Em agosto de 2010, estas reformas levaram à separação das empresas de água e eletricidade e à criação de duas novas entidades: a Société Malienne de Patrimoine de l'Eau Potable (SOMAPEP-SA) e a Société Malienne de Gestion de l'Eau Potable (SOMAGEP-SA).

- A Société Malienne de Gestion de l'Eau Potable (SOMAGEP-SA), abreviada" SOMAGEP-SA ", é uma Société Anonyme d'Etat com um Conselho de Administração, regida pelas leis e regulamentos em vigor na República do Mali, nomeadamente o Ato Uniforme da Organização para a Harmonização do Direito Comercial em África (OHADA), de 17 de abril de 1997, relativo ao direito das sociedades comerciais e dos agrupamentos de interesse económico e as disposições pertinentes da Lei n.º 92-002/AN-RM, de 27/08/1992, relativa ao Código Comercial.
- A Société Malienne de Gestion de l'Eau Potable (Sociedade Maliana de Gestão da Água Potável) foi criada pelo Despacho n.º 10-040/P-RM de 05 de agosto de 2010 com um capital de 100.000.000 (Cem Milhões de Francos CFA). Atualmente, o capital da SOMAGEP-SA é de 2.000.000.000 (Dois Mil Milhões de Francos CFA), detido a 100% pelo Estado Maliano.

2. As missões:

A Société Malienne de Gestion de l'Eau Potable, abreviadamente designada por SOMAGEP-SA, é responsável pela exploração da água potável em toda a área arrendada:

- Gestão técnica, financeira e contabilística dos bens públicos necessários à prestação do serviço público de água potável, com base nos critérios definidos no contrato de locação celebrado entre a empresa e a Société Malienne de Patrimoine de l'Eau Potable (SOMAPEP) e o Estado do Mali;

- Desenvolver, planear e realizar os investimentos necessários para a ampliação, renovação e renovação das infra-estruturas do serviço público de água que lhe são delegadas pela Société de Patrimoine;
- Informar e sensibilizar os utilizadores do serviço público de água em toda a área arrendada;
- E, de um modo geral, todas as operações comerciais, industriais, mobiliárias, imobiliárias e financeiras direta ou indiretamente relacionadas com os objectos acima definidos e susceptíveis de favorecer o seu desenvolvimento.

Para o efeito, é especificamente responsável pela execução das seguintes actividades:

a. **Gestão técnica, financeira e contabilística do património público:**

- Recolha e tratamento de água bruta ;
- Bombagem e distribuição de água tratada;
- Controlo da qualidade da água ;
- Leitura, faturação e atendimento ao cliente ;
- A construção de ligações de rede, extensões, renovações e renovações;
- Manutenção preventiva e corretiva das instalações;

- Continuidade do serviço.

b. **Desenvolver, planear e implementar investimentos**:

- Programação dos investimentos que lhe são delegados pela Société de Patrimoine ;
- Gestão de projectos e gestão de projectos e obras que lhe são delegados pela Société de Patrimoine.

c. **Sensibilização do público** :

- Uma política de comunicação destinada ao grande público para promover a utilização correta da água, a luta contra o desperdício, a conservação da água, a preservação dos recursos hídricos e o saneamento. Esta tarefa pode ser levada a cabo em conjunto com a Société de Patrimoine.

3. Organização

Com base nas tarefas acima enumeradas, a Société Malienne de Gestion de l'Eau Potable "SOMAGEP S.A" está organizada da seguinte forma

Um Conselho de Administração ;
Uma equipa de gestão geral ;
Um diretor-geral adjunto ;
Um serviço de comunicação;
Um departamento jurídico;
Um serviço de qualidade, segurança e ambiente;
Um serviço de controlo geral ;

Um departamento de auditoria interna ;

Gestor da qualidade do laboratório ;

Um serviço de controlo orçamental e de gestão ;

Um departamento de produção

Um serviço de manutenção eletromecânica

Um serviço de distribuição ;

Um serviço de conceção e de obras;

Um departamento de recursos humanos;

Um serviço de finanças e contabilidade;

Um serviço comercial e de clientes;

Um serviço de compras e de logística;

Um departamento de sistemas de informação.

Secção 2: Apresentação do Departamento de Controlo Interno da SOMAGEP S.A.

1. As missões

As tarefas e actividades do serviço de controlo interno são as seguintes

Realização de inquéritos e controlos internos para detetar a ocultação e a apropriação indevida de bens da empresa;

Coordenar as actividades dos organismos responsáveis pela inspeção da Empresa e pelo controlo técnico das obras;

Verificação do cumprimento dos princípios, normas e padrões de gestão e execução estabelecidos para as actividades comerciais, administrativas, contabilísticas, logísticas, técnicas, de aprovisionamento e jurídicas;

Preservar a integridade dos activos e dos recursos financeiros da empresa e controlar a sua boa utilização;

Acompanhar, inspecionar e examinar o funcionamento das actividades da Empresa, a fim de fazer constatações, identificar discrepâncias e formular recomendações;

Supervisionar a transferência de serviços para as estruturas operacionais e funcionais da empresa;

Elaborar e executar programas anuais para as funções de controlo geral (auditoria, inspeção e controlo);

Início de acções corretivas ou de não-conformidades com vista a corrigir as anomalias observadas durante as operações de controlo ou as missões de inspeção;

Acompanhamento do tratamento e encerramento das acções corretivas e não conformidades em aberto, bem como acompanhamento da implementação das recomendações às estruturas inspeccionadas.

2. <u>Organização do serviço de controlo interno</u>

O serviço de controlo interno está organizado da seguinte forma:

- Um chefe de controlo interno
- Um serviço de controlo de obras
- Um serviço de luta contra a fraude
- Um inspetor de contabilidade, administrativo e comercial

SEGUNDA PARTE: QUADRO PRÁTICO

CAPÍTULO 3: ESTUDOS DE CASO

ESTUDO DE CASO 1: Missão de controlo interno realizada no escritório de vendas de Faladiè da SOMAGEP-SA

ANTECEDENTES

No âmbito da execução do programa anual de inspeções do Serviço de Controlo Interno para 2019, realizou-se uma missão de controlo interno contabilístico, comercial e administrativo na Agência Comercial Faladiè de 22 de julho a 5 de agosto de 2019, em conformidade com a ordem de missão n.º 424/2019 de 18/07/2019.

O objetivo da missão era garantir que, durante o período de 01/01/2019 a 22/07/2019, os procedimentos e instruções de trabalho em vigor fossem aplicados de acordo com o seguinte:

Orientações para a compensação de contas a receber

-Conformidade dos pagamentos dos clientes com as receitas registadas

-Faturação regular de todos os assinantes da agência

-Utilização eficiente dos novos contadores e gestão correta dos antigos durante as operações de mudança de contador

No final da missão, foram formuladas e aplicadas várias recomendações.

Serão apresentados os diferentes tratamentos efectuados em conformidade com as recomendações feitas.

1. Procedimentos de controlo interno

Quando os membros da equipa de inspeção chegaram inesperadamente ao escritório de vendas da SOMAGEP-SA em Faladiè, o gerente da sucursal convocou uma reunião de emergência para apresentar os convidados do dia.

Os missionários apresentaram a declaração de missão e o programa de actividades, que consistia em proceder por etapas e por sectores de atividade:

- Actividades contabilísticas (entradas de caixa, diários de entrada de caixa, entradas na base de dados, transmissão regular de documentos contabilísticos e arquivo de documentos contabilísticos);
- Actividades dos clientes (pedidos de informação e processo de reclamação dos clientes, substituição de contadores antigos avariados);
- Actividades de faturação dos assinantes (faturação regular dos assinantes por tipo de perfil (zonas de lavagem, fontanários, grandes consumidores, consumo zero);
- Deteção de ligações fraudulentas.

Cada atividade de controlo foi organizada em equipas, supervisionadas por um controlador designado.

O gerente da sucursal continuou a assegurar aos seus clientes que estava totalmente disponível e pediu a total cooperação do seu pessoal.

2. APRESENTAÇÃO DO SERVIÇO COMERCIAL DE FALADIE E DAS SUAS MISSÕES

a. Definição de agência comercial

Uma Agência de Venda ao Consumidor SOMAGEP-SA é um estabelecimento local, situado num perímetro definido, destinado a assegurar a gestão de todas as operações comerciais e de clientela, actuando em nome e por conta da empresa, por pessoas contratadas por esta.

As várias actividades desenvolvidas nos gabinetes de vendas são realizadas de forma correlacionada, por pessoas com competências específicas para funções bem definidas e com responsabilidades que diferem consoante a posição na organização e o nível hierárquico.

b. Apresentação do escritório de vendas SOMAGEP-SA em Faladiè

A sucursal comercial da FALADIE, situada na estrada dos 30 metros, a 500 metros da Tour d'Afrique, junto ao mercado de gado, contava, a 30 de abril de 2021, com 23 692 assinantes, repartidos pelos bairros da comuna VI do distrito de Bamako:

-DOENÇA

-NIAMAKORO

-SIRAKORO

-DIATOULA

-SENOU

-BANANKABOUGOU BOLLE

-(PARTE DE SOGONIKO)

-Village CAN

-1008 unidades de habitação social

-320 unidades de habitação social

As agências comerciais da SOMAGEP-SA são constituídas pelas seguintes funções:

O gerente da sucursal :

O papel do gerente da sucursal consiste em :

- Contribuir para a realização dos objectivos gerais do departamento comercial e de clientes

- Garantir a satisfação dos clientes da SOMAGEP-SA em todo o perímetro da agência.

O gerente de sucursal é o chefe de primeira linha e superior de todo o pessoal da sua sucursal. Coordena e supervisiona todas as actividades da sucursal (relações com os clientes, faturação e cobrança) e representa a empresa nas relações com terceiros no âmbito da sucursal.

Possui boas competências técnicas e de gestão, com capacidades exemplares.

- **A Divisão de Faturação**

Responsável pela gestão administrativa das vendas da agência, tem a seu cargo a faturação do consumo dos assinantes e trata de todas as reclamações dos assinantes:

-Gerente de faturação

-Billers (3)

-Agente de área (13)

- **A Divisão de Gestão de Clientes**:

Responsável pela gestão dos clientes, trata da cobrança das facturas de consumo e das facturas de trabalhos reembolsáveis (orçamentos), da recuperação das facturas não pagas e da receção e tratamento dos diversos pedidos e reclamações dos clientes. Os seus membros são os seguintes

-Gerente de clientes

-Agente de recolha (3)

-Rececionista (3)

-Caixa (3)

-Gerente da sucursal (1)

-Um condutor (1)

-Um agente técnico de vendas (1)

-Um contabilista (1)

3. APRESENTAÇÃO DAS CONCLUSÕES, RECOMENDAÇÕES E MEDIDAS CORRECTIVAS TOMADAS

O quadro 1 indica as anomalias identificadas e as recomendações formuladas, enquanto o segundo quadro (2) indica o seguimento dado às diferentes recomendações e os responsáveis pelo seu tratamento.

QUADRO 1: CONSTATAÇÕES DE ANOMALIAS

Este quadro apresenta as diferentes anomalias detectadas durante a auditoria e identifica as pessoas responsáveis pelo tratamento das anomalias detectadas.

RELATÓRIOS DE ANOMALIAS PARA O DIRECTOR DA SUCURSAL

N°	Descrição das anomalias	Recomendações
01	Total falta de segurança no armazenamento de contadores novos e também de contadores que foram mudados enquanto aguardavam a eliminação.	Na ausência de instalações adequadas, encontrar um armário seguro para armazenar todos os contadores novos e antigos sob a responsabilidade do CR.

RELATÓRIOS DE AVARIAS PARA O GESTOR DE CLIENTES

(não exaustivo)

N°	Descrição das anomalias	Recomendações
01	Há 15 novos contadores no ficheiro de alterações (projeto) que não constam da lista de contadores fornecida pela Divisão de Medição.	Esclarecer a origem destes contadores e justificar a sua utilização.
02	Não devolução à Divisão de Medição de 25 novos contadores não utilizados durante as operações de mudança de instalações em grande escala.	Apresentar prova da utilização efectiva desses contadores ou, na sua falta,

		devolvê-los à Divisão de Medição.
03	Preenchimento incorreto dos livros de caixa. A contagem física das receitas do dia é registada em vez do saldo anterior.	Preencher corretamente os livros de caixa, sem rasuras nem correcções, tendo o cuidado de escrever cada informação no lugar certo.
04	Há indícios de rasuras, de escrita por cima ou mesmo da utilização de corretor nas páginas do caderno.	
05	Não participação do CR nos fechos de caixa; só assina os livros após os fechos.	Participar nos encerramentos de caixa, em conformidade com a DRC IT 01-01 Recepções e anulações de facturas.
06	Sem paragem na caixa registadora : • Caixa I: de 02 a 03/01/2019 ; • Casa II: 28/02 e 02/05/2019; • Casa III: 15/01 e 14/02/2019.	Fecho diário das caixas registadoras em conformidade com a DRC IT 01-01 Cobranças e anulações de facturas.

RELATÓRIOS DE ANOMALIAS PARA O GESTOR DE FACTURAÇÃO

N°	Descrição das anomalias	Recomendações

01	04 clientes facturados a uma taxa fixa para portas fechadas.	Envie aos clientes uma carta com uma declaração de exoneração de responsabilidade, na qual explica as dificuldades da transferência, as suas expectativas e as medidas que será obrigado a tomar se a situação persistir.
02	13 clientes facturados a uma taxa fixa para contadores inacessíveis (subterrâneos).	Pedir por escrito ao DD que aumente a altura dos metros subterrâneos.
03	28 clientes facturados a uma taxa fixa para contadores bloqueados.	Confirmar o bloqueio e substituir os contadores se os casos se confirmarem.
04	09 clientes facturados numa base fixa por contadores ilegíveis.	Substituição de contadores
05	03 clientes facturados a uma taxa fixa por contadores defeituosos.	
06	03 clientes facturados pela manutenção de uma casa desabitada.	Educar os clientes para não acumularem facturas de manutenção sem as pagarem.

QUADRO 2: NOTA DE MISSÃO

N°	Descrição do trabalho	Diretor
01	**COMPONENTE DE MUDANÇA DE CONTADOR** • Confirmar ou corrigir os números dos contadores antigos assinalados a vermelho na coluna "N.º CTR" e fazer o mesmo para as referências do local ou do cliente (ver a mensagem eletrónica do René enviada ao CR em 29/07/2019); • Atualizar o ficheiro de mudança de contador de 2019 iniciado pela agência, uma vez que onze (11) contadores antigos identificados no gabinete ATC não aparecem no ficheiro (ver e-mail de René enviado ao RC em 29/07/2019) ; • Recolher e digitalizar os formulários de eliminação dos contadores mudados unicamente pela agência Faladié em 2019, independentemente do projeto de mudança realizado pelas empresas; • Enviar por correio eletrónico ao serviço de inspeção todas as informações e documentos acima solicitados.	Gerente de sucursal, Gerente de clientes, Gerente de faturação
02	**SECÇÃO DO CLIENTE** • Fornecer um quadro recapitulativo das facturas não pagas da Agência, utilizando o ficheiro fornecido pelo serviço de inspeção;	

	• [er]Fornecer uma declaração pormenorizada e actualizada dos pagamentos pendentes relativos aos contentores de lixo (FB) e às zonas de lavagem de automóveis (LA) de 1 de janeiro a 31 de julho de 2019; • Fornecer uma atualização sobre os 20 assinantes mais endividados da Agência; • [er]Fornecer um quadro recapitulativo das anulações de caixa de 1 de janeiro a 31 de julho de 2019, especificando para cada caso o motivo da anulação e o caixa que a solicitou; • Fornecer um quadro recapitulativo das anulações e transferências de assinantes, especificando o saldo do cliente que sai.	

QUADRO 3: RESUMO DAS RECOMENDAÇÕES

O quadro seguinte apresenta as recomendações feitas em relação às anomalias identificadas durante a auditoria e a ação ou proposta de ação tomada em relação a essas recomendações.

Estas recomendações foram objeto de um acompanhamento durante um ano. Será programada uma nova missão para avaliar a aplicação destas recomendações.

Recomendações	Gestor de implementação	Tratamento ou tratamento proposto
1) Encontrar uma sala adequada ou, na falta desta, um armário seguro, para guardar todos os contadores novos e antigos sob a responsabilidade do CR.	Gerente de filial	1. Disponibilização de um armário metálico seguro no gabinete do ATC (ver foto do armário)
2) Participação obrigatória nas paragens de caixa, em conformidade com a instrução de trabalho "IT DRC 01-01 Cobrança de facturas e anulação de cobranças";	Gestor de clientes	2. Participação efectiva do gestor de clientes em cada fecho de caixa (cf. uma página por caixa e por mês)
3) Validar os livros imediatamente após a paragem das caixas;		3. Todos os livros de caixa são sistematicamente validados pelo gestor de clientes e pelos caixas quando as caixas estão paradas.
4) Assegurar que os livros de caixa são preenchidos corretamente, sem rasuras ou "Blanco";		4. Todos os erros e registos sobrescritos são registados na íntegra numa nova página do livro de caixa.

5) Cumprir a Instrução de Trabalho DCC-DRC IT 01-01 Cobrança de facturas de consumo e de obras e anulações de cobrança, imprimindo mensagens de confirmação e os originais dos recibos anulados para efeitos de arquivo;		5. É aberto um cronograma para arquivar os documentos comprovativos das anulações
6) Criar um quadro recapitulativo para acompanhar as anulações de recolhas ;		6. O quadro de controlo das anulações é atualizado e verificado semanalmente pelo gestor da sucursal (ver quadro de controlo das anulações).
7) As moratórias devem ser redigidas com cuidado e precisão para evitar qualquer ambiguidade;		7. As moratórias são elaboradas de acordo com as informações a introduzir em conformidade com a instrução de trabalho em vigor (ver cópia da moratória).

8) Concluir as moratórias para regularizar os pagamentos pendentes efectuados pelos beneficiários;		8. As moratórias são sistematicamente concluídas de acordo com a instrução de trabalho em vigor (ver cópia da moratória).
9) Indicar a identidade completa de cada signatário da moratória;		9. As moratórias são elaboradas de acordo com as informações a introduzir nas instruções de trabalho actuais (ver cópia da moratória).
10) A assinatura do cliente deve ser precedida da menção "lido e aprovado";		10. A menção **"lida e aprovada"** será incluída nas futuras moratórias (cf. ainda não foram concluídas quaisquer moratórias).
11) Elaborar um quadro de amortização da moratória com as seguintes informações: o montante da dívida, o montante de cada prestação, as diferentes datas das prestações, o total pago e o saldo após cada pagamento;		11. o montante da dívida, o montante de cada prestação, as diferentes datas de vencimento, o montante acumulado pago e o saldo após cada pagamento são indicados na moratória, em conformidade com as instruções de trabalho em vigor (ver cópia da moratória)

12) Verificar e assegurar que o ficheiro de alterações do contador é atualizado regular e corretamente		12. A tabela de mudança de contador é actualizada diariamente e verificada pelo CR (ver a tabela de monitorização da mudança de contador, a lista de contadores a mudar e a Ordem de Serviço).
13) Esclarecer a origem dos **15 novos contadores** que não constam da lista de contadores colocada à disposição da agência pela Divisão de Contadores;		13. Todos os contadores colocados à disposição da agência são registados no quadro de controlo das mudanças de contador (ver quadro de controlo das mudanças de contador).
14) Completar o ponto 1 da nota sobre a mudança do contador;		14. O ponto 1 da nota já foi tratado
15) Justificar a utilização efectiva dos nove novos contadores ausentes da agência e do dossier de mudança de contador;		15. (ver quadro de acompanhamento da mudança de contador, cópia dos BIs e capturas de ecrã dos registos dos contadores na base de dados eGEE)

16) Encontrar e eliminar os 137 contadores que foram alterados mas que estão fisicamente ausentes do balcão, mais os 11 contadores alterados inventariados no balcão.		16. Todos os contadores de rebus foram enviados para o serviço de contagem (ver cópia descarregada da lista de contadores de mudança enviados para o serviço de contagem).
17) Verificar corretamente os livros na caixa antes de os validar;		17. Os livros de caixa são verificados durante as paragens do caixa antes de qualquer validação (ver cópia do livro de caixa dos últimos 5 dias de entradas de dinheiro).
18) Cumprimento diário da Instrução de Trabalho DFC01-01 Encerramento de caixa, recolha e pagamento de fundos.	Contabilista	18. o contabilista assegura o cumprimento diário da instrução de trabalho DFC01-0 Paragem de caixa, recolha e desembolso de fundos em vigor
19) Envie aos clientes cujas portas ainda se encontram fechadas uma carta com uma declaração de exoneração de responsabilidade, na qual refira as dificuldades da mudança, as suas expectativas e as medidas	Gestor de faturação	19. A correspondência é enviada regularmente, mas muitas vezes sem quitação, uma vez que os ocupantes não se encontram no local. (ver cópias da correspondência)

que será obrigado a tomar se a situação se mantiver;		
20) Solicitar por escrito ao DD a elevação dos contadores subterrâneos;		20. A lista de contadores a atualizar é enviada ao ATC para ser trabalhada (ver e-mail, lista de contadores).
21) Confirmar se os contadores estão bloqueados e substituir os que estão;		21. Os contadores com anomalias são confirmados pelo ATC antes de serem substituídos (ver quadro de acompanhamento das alterações dos contadores e das BI).
22) Substituir os contadores ilegíveis e defeituosos.		22. A lista de contadores avariados é enviada ao ATC para substituição pelo AR e pelo CR, que planeiam a atividade (ver quadro de acompanhamento da substituição de contadores).

Análise: Verificou-se que os procedimentos de gestão comercial e de clientes foram respeitados. Por outro lado, verificou-se que os procedimentos não foram aplicados ao longo do tempo, devido à falta de rigor nas actividades de controlo.

ESTUDO DE CASO 2

1. ANTECEDENTES

Em conformidade com a ordem de missão n.º 457/2020 de 05/10/2020, o Departamento de Controlo Geral realizou uma inspeção no Departamento de Compras e Stocks (DAS).

Esta missão insere-se no âmbito da execução do plano anual 2020 da Inspeção. O período escolhido é de 1 de janeiro de 2019 a 23 de novembro de 2020.

2. OBJECTIVOS :

O objetivo desta tarefa é garantir :

- Que todas as aquisições de bens e serviços sejam efectuadas em conformidade com o PO 015-02 COMPRAS E FORNECIMENTO;
- A gestão das existências é efectuada em conformidade com a PO 014 GESTÃO DAS EXISTÊNCIAS ;
- Que o processo de abastecimento da loja ajuda a controlar os custos e a evitar rupturas de stock;
- As quantidades de inventário teóricas são idênticas às quantidades de inventário físicas;

- Todas as transacções de existências foram regular e corretamente registadas no SIGA;
- Que as condições de armazenagem garantem a segurança das existências contra a deterioração e o roubo.

3. **METODOLOGIA** :

Consiste num exame independente no local das operações de aquisição, fornecimento e gestão de stocks, desde as requisições de compra, ordens de compra e contratos. O mesmo se aplica à gestão de stocks, para entradas e saídas de mercadorias e transferências/expedições.

Esta abordagem garante que os movimentos são rastreáveis e que não há conluio, desvio de fundos, sobrefaturação ou excesso de stock.

Tendo em conta a diversidade e a dimensão das existências e o grande número de operações de compra e de fornecimento, o trabalho foi efectuado nas fases seguintes:

- Auditoria por amostragem das entregas de bens e serviços em 2019 e 2020, com base em encomendas e contratos ;
- Verificação, por amostragem, dos balanços físicos e teóricos das existências;

- Verificação dos movimentos de existências através dos diferentes documentos criados para o efeito (guia de remessa do fornecedor, nota de encomenda do fornecedor, nota de devolução, nota de saída de mercadorias, nota de transferência e nota de expedição);
- Verificação do custo das transferências de existências entre armazéns ;
- Verificação das condições de armazenagem de determinadas mercadorias no que respeita à sua segurança.

4. APRESENTAÇÃO DO SERVIÇO DE APROVISIONAMENTO E LOGÍSTICA

4.1. MISSÕES

Responsável perante o Diretor-Geral, o Departamento de Aprovisionamento e Logística será responsável pela gestão e coordenação das actividades de aprovisionamento e logística. As novas orientações estratégicas do departamento incluem

- Apoio às diferentes entidades da SOMAGEP-SA em termos de aprovisionamento e logística;
- Elaboração e atualização da política de aquisição e renovação de equipamentos da SOMAGEP-SA;
- Definição de uma política de controlo dos custos dos fornecimentos e serviços;

- Definição de uma política de controlo dos custos e prazos relativos à aquisição de equipamentos e serviços;
- Otimizar a aquisição de fornecimentos, serviços e gestão de stocks em termos de qualidade e racionalidade;
- Gestão de stocks e listagem de artigos;
- Manutenção de inventários de equipamentos de ligação e de rede, peças electromecânicas, produtos químicos, peças sobressalentes, material de escritório, consumíveis, etc;
- Elaborar e aplicar uma política de manutenção da frota;
- Otimizar e acompanhar os processos de reforma e de alienação de activos;
- Gestão do património.

4.2. ORGANIZAÇÃO

Para levar a cabo a sua missão, a Divisão de Aprovisionamento e Logística passa a ser apoiada pelos seguintes serviços

- **O Departamento de Compras**: A sua principal missão é gerir e concluir todos os processos de compra de qualquer produto ou serviço necessário à produção, transporte e distribuição de água potável pela SOMAGEP-SA, nas melhores condições de qualidade, preço e prazo, assegurando a melhor rentabilidade do negócio.
- **Serviço de Gestão de Stocks**: A principal tarefa deste serviço consiste em assegurar a disponibilidade permanente dos artigos em stock (produtos químicos, material de ligação,

material de rede, peças sobressalentes, etc.), a fim de evitar qualquer rutura de stock que possa pôr em causa a continuidade do serviço.

- **<u>Departamento de Logística e Gestão de Activos</u>**: A sua principal tarefa é gerir tudo o que está relacionado com o transporte, os veículos necessários para o transporte, a gestão do armazém, o manuseamento, etc., optimizando a sua circulação, o acompanhamento e a manutenção dos recursos gerais (veículos, combustível, edifícios administrativos e de serviço, recursos telefónicos atribuídos, etc.) ao menor custo possível e no menor tempo possível, com a máxima segurança.

5. CONCLUSÕES

Dado o carácter sensível das informações resultantes dos resultados da auditoria, as informações financeiras não serão divulgadas. Por outro lado, as informações de carácter administrativo serão mencionadas na apresentação e no tratamento das recomendações.

6. RECOMENDAÇÕES DE PROCESSAMENTO

Proposta de tratamento das recomendações de inspeção CCA 2020-DAS

Nº	Recomendações	Tratamento ou tratamento proposto	**NÍVEL DE TRATAMENTO**
1.	Respeitar escrupulosamente a PO 015-02 Compras e Aprovisionamento para que o princípio da regularização seja a exceção e não a regra.	- Os procedimentos de solicitação de fornecedores serão escrupulosamente respeitados, com a participação de todas as partes interessadas. - Aplicação da PO 015-03 em substituição da PO 015-02	**Eficácia - Pedido PO 015-03 fornecer uma cópia da PO 015-03**
3.	É favor garantir que o relatório de análise das propostas é incluído nos ficheiros.	Os relatórios de análise serão incluídos nos dossiers em conformidade com o PO.	**Fornecer efetivamente a lista das encomendas de 2021**
4.	É imperativo que o relatório de análise do concurso seja validado por todos os participantes.	As actas de análise são validadas por todos os participantes.	**Fornecimento efetivo de certificados de receção 2021**

5.	Permitir que o utilizador valide a qualidade do equipamento entregue	As guias de remessa são sistematicamente validadas pelos utilizadores quanto à sua qualidade	**Eficaz**
6.	Cumprimento dos prazos de entrega dos fornecedores	Cumprimento dos prazos de entrega e aplicação das disposições contratuais	**Eficaz. O DAL tem atualmente um agente responsável pelo controlo dos prazos dos fornecedores.**
7.	Substituir a fechadura da porta exterior do escritório do tesoureiro, ou mesmo reforçar o dispositivo para tornar as instalações mais seguras.	A fechadura foi substituída	**Eficaz**
10.	Aprovar os BT de acordo com a PO 014-02 ou delegar esta autoridade por memorando a outro gestor que tenha autoridade direta sobre a organização cedente. Ter em conta o conteúdo do memorando na próxima revisão da PO 014.	PO 014-02 é estritamente aplicado.	**Aplicar o PO 014-02 Gestão de stocks no seu pt. 4.3**

11.	Instalar uma porta gradeada entre a loja e a sala de preparação de produtos para proteger os produtos armazenados.	A separação é efectuada	**Eficaz**
12.	Reparação de buracos nos telhados das lojas de sal e cal apagada para impedir as fugas de água da chuva.	Reparação do telhado	**Eficaz para a loja de produtos químicos e trabalho em curso para o galpão de hipoclorúria djicoroni para cálcio**
15.	Definir um stock mínimo de segurança para os artigos como parte da gestão de stocks.	Existência de existências mínimas de segurança para os artigos	**Eficaz**
17.	Corrigir todos os saldos negativos no SIGA.	Correção em curso	**Tratamento permanente**
19.	Atualizar a entrada de todas as entradas de existências no armazém.	Atualização de entradas	**Tratamento permanente**
24.	Certificar-se de que todos os registos de existências estão actualizados	Os registos de existências estão actualizados	**Tratamento permanente**

25.	Criar registos de existências para artigos no armazém que não tenham qualquer registo.	Todos os artigos da loja têm um registo de existências	**Tratamento permanente**
28.	Efetuar os lançamentos na ficha de existências em conformidade com a encomenda.	As entradas em stock são efectuadas em conformidade com o PO 014	**Extraordinário**
29.	Escrever nos OE as quantidades servidas e as não entregues, sem riscar nem escrever por cima.	As folhas de quitação (DS) são emitidas em conformidade com a PO 014	**Eficaz**
30.	Rejeitar qualquer folha de saída em que a descrição da totalidade ou de parte dos elementos esteja incompleta.	Todos os SB com descrições incompletas são sistematicamente rejeitados.	**Eficaz**
31	Calcular corretamente a quantidade não entregue, de modo a que esta seja sempre a diferença entre a quantidade pedida e a quantidade entregue.	As quantidades não servidas estão corretamente calculadas.	**Eficaz**
32.	Servir sempre a quantidade solicitada de papel reprográfico A4, considerando sistematicamente a	O papel A4 é sempre medido em resmas.	**Não incluído**

	resma como única unidade de referência.		
34.	Efetuar a notificação do que foi pedido e transferir o que foi notificado, de modo a que as informações contidas nos documentos utilizados sejam coerentes.	Aplicação rigorosa da PO 014	**Eficaz**
35.	Envia as folhas brancas, amarelas, verdes e azuis do feixe BT ao pessoal do armazém de receção para todas as operações de transferência de artigos.	Aplicação da senha de saída de gestão informática.	**Eficaz**
36.	Pedir aos armazenistas receptores que conservem a folha amarela do BT e que devolvam as outras folhas do maço (branca, verde e azul) ao armazenista emissor, devidamente preenchidas com as quantidades recebidas, datadas e assinadas;	Aplicação da senha de saída de gestão informática.	**Eficaz**

38.	Rejeitar qualquer folha de saída em que o motivo da saída não esteja especificado.	Aplicação da senha de saída de gestão informática.	**Nota de serviço de aplicação n.º 2021/30/DG/DAL de 23/11/2021 Validação dos OE**
43.	Escrever sempre a data de transferência e a identidade do transportador em cada BTr.	Aplicação da senha de saída de gestão informática.	**Eficaz**
44.	Os BT devem ser aprovados pelo DAS, exceto se outro gestor tiver sido dispensado da sua autoridade por memorando.	Aplicação da senha de saída de gestão informática.	**Aplicação PO 014 02**
48.	Pedir aos armazenistas receptores que devolvam o original do BT, devidamente preenchido com as quantidades recebidas, datado e assinado, ao armazenista de produtos químicos emissor.	Aplicação da senha de saída de gestão informática.	**Efetivo. Permanente**
49.	Preencher corretamente as fichas de existências com todas as informações que normalmente devem conter.	Aplicação da PO 014	**Eficaz**

51.	Registo de todas as entradas e saídas de mercadorias em tempo real nas fichas de existências e no SIGA, em conformidade com o PO 014.	Aplicação da PO 014.	**Candidatura PO 014 02**
53	Agrupamento de artigos do mesmo tipo num único local da loja.	Em curso	

<u>Análise</u>: a este nível, a avaliação mostra que os procedimentos de aquisição são bem respeitados e que não existem deficiências no acompanhamento do consumo dos equipamentos colocados à disposição dos utilizadores.

No entanto, verificou-se que os procedimentos de registo das existências e de arquivo dos registos não estão a ser devidamente aplicados. Também não existe informação suficiente sobre a identificação dos utilizadores e a natureza do trabalho a realizar por esses mesmos utilizadores, para efeitos estatísticos sobre os equipamentos mais consumíveis, e a inexistência de um manual e de um método de armazenamento dos equipamentos.

CAPÍTULO 4: ANÁLISE DO SISTEMA DE CONTROLO INTERNO DA SOCIETE MALIENNE DE GESTION DE L'EAU POTABLE "SOMAGEP S.A" (SOCIEDADE MALIANA DE GESTÃO DA ÁGUA POTÁVEL)

Neste capítulo, serão descritas as fases do processo de avaliação do controlo interno e apresentadas as conclusões sobre a análise do controlo interno na SOMAGEP S.A..

Secção 1: Análise do sistema de controlo interno da Société Malienne de Gestion de l'Eau Potable "SOMAGEP S.A".

O sistema interno da SOMAGEP-SA baseia-se em procedimentos e instruções de trabalho estabelecidos para enquadrar as operações.

Isto implica a análise da descrição destes sistemas e procedimentos, a confirmação da compreensão do sistema, a avaliação preliminar do controlo interno, a confirmação da aplicação dos pontos fortes do sistema, a avaliação final do controlo interno e o relatório de avaliação do controlo interno.

1. Avaliação da existência de controlo interno na Société Malienne de Gestion de l'Eau Potable "SOMAGEP S.A".

O auditor obtém uma compreensão do controlo interno da empresa, tentando apreender todos os métodos e procedimentos relativos à sua organização. Para o efeito, o auditor utiliza uma memória descritiva ou fluxogramas para avaliar a existência e o bom funcionamento do controlo interno.

2. Familiarização com o sistema de controlo interno

Esta fase consiste em assegurar o bom funcionamento do sistema de controlo através da verificação das descrições recebidas. Para o efeito, são utilizados testes de conformidade (ou de compreensão).

3. Avaliação da existência de controlo interno

Consiste na realização de uma primeira análise do controlo interno, normalmente com base num questionário e numa grelha de análise.

O questionário permite ao auditor efetuar uma observação tão completa quanto possível sobre cada um dos pontos submetidos à apreciação crítica. Para o efeito, o ICQ deve incluir perguntas que sejam relevantes para a observação completa.

a. Métodos e escolhas

Nesta fase, serão determinados os pontos fortes e fracos teóricos do controlo interno. Está prevista a realização de uma análise dos riscos ligados ao ambiente de controlo, bem como a análise dos riscos específicos por ciclo, com o objetivo de evidenciar as deficiências dos procedimentos, a fim de orientar os controlos.

b. Objectivos

O objetivo do questionário de controlo interno é avaliar o sistema de controlo interno aplicado pela organização. Destaca, por ciclo, as questões que permitem avaliar o grau de controlo do procedimento aplicado.

O objetivo deste questionário é avaliar o sistema de controlo interno da organização, com vista a identificar os seus pontos fortes e fracos e, em seguida, apresentar sugestões sobre os pontos fracos do controlo interno.

c. Objectivos e razões para os escolher

O questionário é apresentado às pessoas que ocupam cargos de responsabilidade na Société Malienne de Gestion de l'Eau Potable "SOMAGEP S.A", por assinatura ou, decisão ou autorização, durante as entrevistas que serão efectuadas com os dirigentes.

O que estes objectivos têm em comum é o facto de exercerem um certo controlo sobre a aplicação do procedimento adotado pela organização.

A escolha centra-se nos pontos de controlo, pois considera-se que existe um maior risco se estes pontos de controlo não forem devidamente geridos pelos responsáveis.

2. Questionário

O Questionário de Controlo Interno é um instrumento para a realização da fase de avaliação do controlo interno. Trata-se de uma grelha analítica cujo objetivo é permitir ao auditor avaliar o nível de controlo interno e fornecer um diagnóstico do sistema de controlo interno da entidade ou função auditada.

A metodologia adoptada para a elaboração do questionário baseou-se em noções teóricas de compreensão do controlo interno, para permitir a avaliação do sistema. O questionário foi concebido de forma a que as várias perguntas pudessem ser respondidas com "SIM" ou "NÃO". As respostas "SIM" correspondem a pontos fortes e indicam que a empresa dispõe, teoricamente, de medidas adequadas para atingir os seus objectivos de controlo interno. As respostas "NÃO" correspondem a pontos fracos e dizem respeito a falhas processuais. Uma coluna dedicada aos comentários é colocada no final do quadro para permitir uma análise aprofundada das respostas mais abertas.

Tabela 1 Questionário de controlo interno

PERGUNTAS	RESPOSTAS		OBSERVAÇÕES
	SIM	NÃO	
1. Os valores éticos e de integridade estão formalmente definidos na SOMAGEP?	SIM		Foi elaborado e aplicado um código de ética e de conduta profissional.

2. O pessoal que realiza as actividades é competente?	Sim		O pessoal é selecionado com base nos critérios definidos nas descrições de funções, de acordo com as necessidades expressas.
3. Os valores da ética e da integridade são coerentes com os estilos de gestão da empresa?	Sim		Os valores definidos no código de ética e deontologia estão em conformidade com o estilo de gestão da empresa, uma vez que foram elaborados pelo pessoal.
4. As responsabilidades estão definidas?	Sim		As responsabilidades estão claramente definidas num organigrama disponível em cada departamento da empresa, em conformidade com o quadro de competências da empresa e nas descrições de funções
5. O pessoal tem descrições de funções?	Si m		Cada membro do pessoal, a qualquer nível, tem uma descrição de funções que define as suas tarefas, o seu papel no processo e as competências de que necessita para desempenhar as suas funções.
6. Existe um organigrama da empresa?	Sim		A empresa dispõe de um organigrama geral que

			define as suas missões e funções.
7. Este organigrama é atualizado regularmente ?	Si m		O organigrama da empresa é regularmente atualizado em função da evolução da situação.
8. Existe um mapa de riscos? Em caso afirmativo, está atualizado?	Sim		A cartografia dos riscos existe e é actualizada regularmente
9. O sistema de controlo interno da empresa é avaliado?		não	Desde a criação da empresa, não foi efectuada qualquer avaliação do regime.
10. O controlo interno é um requisito regulamentar?	sim		Para garantir o bom funcionamento da empresa, um objetivo, um plano de ação e um programa de actividades são validados todos os anos pela direção geral da empresa.
11. Existe um manual de procedimentos internos?	Sim		Cada processo tem o seu próprio manual de procedimentos para as actividades que realiza
12. Em caso afirmativo, é	Sim		Foi atualizado de acordo com a evolução e as recomendações de

atualizado regularmente?			várias missões de controlo e auditoria.
13. A sua organização tem uma carta de auditoria própria?	Sim		A empresa dispõe de uma carta de auditoria que é actualizada sempre que esta sofre alterações
14. A sua organização dispõe de um departamento de auditoria?	Sim		Existe um serviço de auditoria interna
15. existe um relatório anual sobre o controlo interno (que dê conta das medidas de controlo interno)?	Sim		O relatório anual sobre as actividades de controlo realizadas é apresentado após cada exercício financeiro.
16. Estas medidas de controlo são constantemente adaptadas?		Não	As medidas de controlo são inadequadas devido à falta de recursos

17. As folhas de pagamento são assinadas com base nos documentos justificativos das despesas?	Sim		Os documentos são controlados em conformidade com o procedimento em vigor para a validação das despesas
18. As disponibilidades de caixa são mantidas a um nível mínimo?	Sim		Em cada caixa está disponível um saldo mínimo de 50 000 FCFA
19. É efectuado um controlo regular das caixas existentes?	Sim		O controlo das caixas é efectuado através de uma paragem de caixa realizada entre o contabilista, os chefes de fila e o caixa no final de cada dia de recolha, em conformidade com uma instrução de trabalho que rege a atividade em questão.
20. Os diários de caixa estão actualizados?	Sim		É elaborado um balanço atualizado das contas da empresa, com uma

			determinada periodicidade, para apuramento dos fluxos financeiros da empresa, de acordo com uma instrução de trabalho em vigor.
21. São revistas regularmente por um diretor?	Sim		As reconciliações são regularmente revistas e validadas pelo diretor financeiro e contabilístico
22. Um gestor competente e claramente definido analisa regularmente os mapas de reconciliação?	sim		As reconciliações são efectuadas entre os diários e os extractos bancários pelos gestores dos diferentes intervenientes no processo
23. As previsões de fluxos de tesouraria são objeto de um acompanhamento regular?	sim		As previsões de tesouraria são acompanhadas pelo serviço de controlo orçamental e de gestão

3. Resultados obtidos

Os resultados obtidos a partir das respostas recolhidas são compilados para que possam ser analisados com mais calma.

Para o efeito, serão apresentados os pontos fortes e fracos do sistema de controlo interno deduzidos da análise do questionário de controlo interno acima referido.

Tendo em conta os resultados obtidos, pode facilmente afirmar-se que o sistema de controlo interno da Société Malienne de Gestion de l'Eau Potable (SOMAGEP-SA) é eficaz. Apoia-se em instrumentos, nomeadamente em procedimentos e instruções de trabalho, que lhe permitem gerir as actividades e minimizar os riscos.

Secção II: Relatório de análise do controlo interno

Nesta secção, será efectuada uma avaliação final do sistema de controlo interno da SOMAGEP-SA, seguida da conclusão da análise do controlo interno.

1. Análise final do controlo interno

Nesta fase, o auditor está em condições de distinguir entre pontos fortes e fracos; em conjunto, estes elementos constituem a base para a avaliação final do controlo interno, que é apresentada num documento de síntese (ou quadro de avaliação do sistema).

Este quadro apresenta uma síntese global dos pontos gerais a verificar no que se refere ao controlo interno da estrutura, a fim de poder emitir o relatório de avaliação do controlo interno, destacando as questões utilizadas para avaliar o controlo interno.

a. Métodos e escolhas

O quadro final da análise do controlo interno é utilizado para destacar as questões mais importantes a recordar da análise anterior. Os pontos importantes devem ser resumidos para se chegar a uma conclusão sobre a análise do controlo interno.

O quadro é igualmente apresentado de forma a salientar o grau de risco incorrido em caso de deficiência do controlo interno no domínio em causa.

b. Objectivos

O objetivo desta análise definitiva é estabelecer o nível de risco em relação aos pontos em causa. Tem igualmente por objetivo resumir os pontos essenciais do questionário de controlo interno no seu conjunto.

c. Objectivos e razões para os escolher

Os objectivos são os mesmos que os do questionário de controlo interno. Os cargos de responsabilidade foram escolhidos porque representam pontos de controlo que têm de ser avaliados.

2. Análise dos resultados

Os resultados são tratados da mesma forma que no questionário de controlo interno. As respostas "SIM" correspondem aos pontos fortes e indicam que a empresa dispõe teoricamente de medidas adequadas para atingir os objectivos do controlo interno, enquanto as respostas "NÃO" correspondem aos pontos fracos e dizem respeito às deficiências dos procedimentos.

A palavra "risco" foi acrescentada ao quadro para indicar o grau de risco incorrido pela empresa no caso de uma deficiência do controlo interno.

a. Análise final do controlo interno

AMBIENTE GERAL DE CONTROLO INTERNO	Sim/ Não	Riscos: (baixo; médio; alto)	Comentários
A avaliação do controlo interno revelou a existência de numerosas deficiências de controlo interno?	Sim	Média	Os pontos fortes e fracos do controlo interno foram evidenciados pelos resultados do questionário.

O plano de organização é insuficiente, nomeadamente devido à ausência de um organigrama e de um manual de procedimentos?	não	Baixa	O manual de procedimentos e os organogramas foram identificados
Surgiram certas situações ou acontecimentos que sugerem a existência de fraude ou erro conducente a uma distorção material?	Não	Baixa	Apesar de um certo número de deficiências na gestão quotidiana das actividades, verificou-se que os agentes acompanham
A direção está consciente da necessidade de um controlo interno eficaz?	Sim	Baixa	Este facto é demonstrado pela existência do departamento de controlo interno, que exerce as suas actividades a tempo inteiro, de acordo com um

b. Resultados

O resultado desta avaliação final é apresentado. Tal como explicado no tratamento dos resultados, as respostas "SIM" correspondem aos pontos fortes e indicam que a empresa dispõe teoricamente das medidas adequadas para atingir os objectivos de controlo interno, enquanto as respostas "NÃO" correspondem aos pontos fracos e dizem respeito às deficiências dos procedimentos.

O sistema de Controlo Interno está bem concebido e é bem aplicado, mas, por muito disponível que esteja, não pode dar uma garantia absoluta de que os objectivos da empresa serão alcançados. A probabilidade de atingir esses objectivos não depende apenas da vontade da empresa. Existem limites inerentes a qualquer sistema de Controlo Interno. Estes limites resultam de muitos factores, incluindo as incertezas do mundo exterior, o exercício de julgamento ou o mau funcionamento que pode ocorrer devido a falha humana ou simples erro".

Estes limites de controlo interno podem ser apresentados como riscos incorridos pela empresa. É importante estar consciente dos riscos que podem surgir.

SECÇÃO 3: CRÍTICAS E RECOMENDAÇÕES

Este capítulo resume as críticas e recomendações resultantes da avaliação do controlo interno.

1. CRÍTICA

a. Deficiências de controlo interno relacionadas com os procedimentos da SOMAGEP-SA :

As deficiências detectadas são inerentes à aplicação estrita dos procedimentos, com falta de rigor por parte dos gestores da empresa, o que aumenta o risco de insucesso.

c. Deficiências do controlo interno relacionadas com o ambiente geral de controlo interno

Foram identificadas deficiências relacionadas com o ambiente geral de controlo interno da agência:

- A não valorização da introdução de um manual de procedimentos
- não foi constituída qualquer provisão para o saldo não utilizado do orçamento

Após uma síntese dos pontos fracos do sistema de controlo interno da SOMAGEP-SA, a fim de melhor compreender as soluções adequadas para os problemas, serão formuladas recomendações para resolver as disfunções identificadas.

2. RECOMENDAÇÕES

Tendo em conta os disfuncionamentos detectados, as recomendações são as seguintes

- atualizar o manual de procedimentos de gestão do controlo interno;
- os documentos contabilísticos devem ser verificados e assinados pelos contabilistas para maior fiabilidade. Os documentos não devem mudar de signatário.
- os arquivos precisam de ser informatizados, pelo que se sugere a aquisição de um computador para armazenar os arquivos em formato digital e, assim, garantir a segurança do armazenamento.
- A acumulação de funções deve ser tida em conta na atualização dos regulamentos internos.
- o controlo deve ser efectuado de forma material (assinatura, data, nome, impressão)
- o livro de transmissão deve ser utilizado com maior regularidade.

CONCLUSÃO GERAL

É importante sublinhar a pertinência dos resultados em relação às nossas hipóteses, mas os resultados destas interpretações em comparação com as hipóteses pré-estabelecidas conduziram aos seguintes resultados.

A informação de gestão só pode ser fiável se existirem procedimentos de controlo interno que captem com precisão todas as transacções efectuadas pela organização. A qualidade do sistema de controlo interno é, por conseguinte, essencial. O controlo interno é tanto mais relevante quanto se baseia em regras de conduta e de integridade definidas pelos órgãos de governação e comunicadas a todos os trabalhadores.

Com efeito, o sistema de controlo interno não pode, por si só, impedir que os colaboradores da SOMAGEP-SA cometam fraudes, violem disposições legais ou regulamentares, ou comuniquem informações enganosas ao exterior.

Neste contexto, a exemplaridade é um vetor essencial para a disseminação de valores na SOMAGEP-SA. De facto, ela não pode ser reduzida a um sistema puramente formal que poderia ser utilizado para prevenir violações graves da ética empresarial.

O contacto com a realidade permitiu completar os meus conhecimentos teóricos. Além disso, as observações efectuadas permitiram evidenciar os pontos fortes e fracos do sistema de gestão da SOMAGEP.

Estas deficiências dão origem ao problema da fragilidade do controlo interno do sistema de gestão administrativa, comercial e contabilística, bem como à fragilidade do ambiente geral de controlo interno.

Foram propostas várias soluções, nomeadamente: a disponibilização e atualização de manuais de procedimentos; a aplicação desses manuais pelos funcionários; a fiabilidade e regularidade dos documentos contabilísticos; a gestão eletrónica de arquivos; a regulamentação da segregação de funções; e a elaboração de normas internas para regular o exercício de cargos múltiplos e a materialização do controlo de informação sensível (assinatura, data, nome, impressão).

A SOMAGEP deverá poder iniciar a revitalização do seu sistema de controlo interno.

Infelizmente, outras vias que não puderam ser exploradas podem ser a causa dos problemas relacionados com o mau funcionamento do controlo interno da SOMAGEP. Assim, deve ser dada prioridade à investigação futura, a fim de invalidar ou confirmar os resultados actuais e explorar outras vias úteis.

BIBLIOGRAFIA

Livro :

Berle A. e Means G. (1932), *The Modern Corporation and Private Property, Transactions Publisher.*

COOPERS, LYBRAND, 2002, La nouvelle pratique du Contrôle Interne. Paris, Edition d'Organisation, 378p.

GRAND B., VERDALLE B., 1999. Audit Comptable et Financier. Paris, Economica, 111p.

GRENIER C., BONNEBOUCHE J, 2003, Auditer et contrôler les activités de l'entreprise. Paris, Edition Foucher, 192p.

PRICEWATERHOUSE, COOPERS, IFACI, 2004. La pratique du contrôle interne. Paris, Edition d'Organisation, 378p.

RENARD J., 2004.Théorie et pratique de l'Audit interne, Edition d'Organisation, 5eme Edition, 486p.

Procedimentos de gestão de stocks da SOMAGEP-SA PO-014

Procedimentos de gestão das compras para a PO-015 SOMAGEP-SA

Procedimentos de gestão comercial PO-005 Faturação SOMAGEP-SA

Procedimentos de gestão comercial PO-004 Assinatura SOMAGEP-SA

Procedimentos de gestão comercial PO-012 Pedido SOMAGEP-SA

Todas as instruções de trabalho associadas aos diferentes procedimentos

Carta de auditoria interna da SOMAGEP-SA

Memórias

Aksouh Hani et Mehenni Samy Ismail : L'appréciation du contrôle interne selon le référentiel COSO Licence en sciences commerciales et financières option: Comptabilité 2008. ESG ALGER

Outros documentos.

Webografia

https://fr.wikipedia.org/wiki/Contr%C3%B4le_interne

https://www.manager-go.com/finance/controle-interne.htm

https://www.lecoindesentrepreneurs.fr/controle-interne/

https://amyotgelinas.com/les-avantages-dun-systeme-de-controle-interne-au-sein-de-votre-entreprise/

https://www.ifaci.com/formations/elaborer-le-dispositif-de-controle-interne/

http://www.pansardassocies.com/www/fr/accueil/publications/audit contabilidade/rubricas contabilísticas específicas . aspx.

www.coso.org.

https://www.memoireonline.com/01/09/1913/Analyse-du-controle-interne-au-sein-dune-institution-de-microfinance.html

https://www.etudes-et-analyses.com/theme-economique/controle+interno

https://cgsp.ml/wp-content/uploads/2017/11/7-Evaluation-Controle-interne.pdf

http://documentation.2ie-edu.org/cdi2ie/opac_css/doc_num.php?explnum_id=2636

https://optimiso-group.com/articles/10-etapes-pour-un-controle-interne-efficace/

APÊNDICES

QUESTIONÁRIO

1. Os valores éticos e de integridade estão formalmente definidos na SOMAGEP?
2. O pessoal que executa as actividades é competente?
3. Os valores da ética e da integridade são coerentes com os estilos de gestão da empresa?
As responsabilidades estão definidas?
5. O pessoal tem descrições de funções?
6. A empresa dispõe de um organigrama?
7. Este organigrama é atualizado regularmente?
8. Existe um mapa de riscos? Em caso afirmativo, está atualizado?
9. O sistema de controlo interno da empresa é avaliado?
10. O controlo interno é um requisito regulamentar?
11. Existe um manual de procedimentos internos?
12. Este manual é atualizado regularmente?

13 A sua organização tem a sua própria carta de auditoria?
14. A sua organização dispõe de um departamento de auditoria?
15. A sua organização elabora um relatório anual sobre o controlo interno (que dá conta das medidas de controlo interno)?
16. Estas medidas de controlo são constantemente adaptadas

ÍNDICE DE CONTEÚDOS

DEDICAÇÃO 1

AGRADECIMENTOS 2

RESUMO 3

INTRODUÇÃO GERAL 5

PRIMEIRA PARTE: ENQUADRAMENTO TEÓRICO 10

CAPÍTULO 1: INFORMAÇÕES GERAIS SOBRE O CONTROLO INTERNO 11

CAPÍTULO II: APRESENTAÇÃO DA SOMAGEP-SA 29

SEGUNDA PARTE: QUADRO PRÁTICO 36

CAPÍTULO 3: ESTUDOS DE CASOS 37

CAPÍTULO 4: ANÁLISE DO SISTEMA DE CONTROLO INTERNO DA SOCIETE MALIENNE DE GESTION DE L'EAU POTABLE "SOMAGEP S.A. 67

CONCLUSÃO GERAL 83

BIBLIOGRAFIA 85

APÊNDICES 88

QUESTIONÁRIO 89

Printed by Books on Demand GmbH, Norderstedt / Germany